火团团大冒险

探寻火的奥秘与中国古人防火智慧

下册

纪 杰 涂 然 胡皓玮 等◎著

涂 然 曾 怡◎绘

中国科学技术大学出版社

下　册

第六章

传承的意志

军巡铺　传令铺兵
燕三

坏事成双

　　刚刚的事故给将士们造成了重创。由于城区建筑密集、火势过大，灭火战斗看来已经陷入艰难的僵持阶段。传令的一位铺兵燕三飞奔而来，直接跪倒在两位主帅前，报告前方惨状。

　　与此同时，突然传来救火战士们的一阵惊呼。只见，原本只向外冒出浓烟的大宅子，门窗部位火舌爆起、烈焰冲天。刹那间，人马陷入一片慌乱。

◎ 怎么办？再搬救兵！

　　眼看现场主力部队因火场形势突变，明显处于下风，杨厢主果断派出燕三前往府前大营调集救兵。

与此同时，苏东坡则组织部分铺兵抢救伤员。我国的职业军医制度起源于隋唐时期，宋代后已经相当完善。宋朝各地方上，甚至还建有专门的军医院——"医药院"，相信刚才受伤的将士们能在后方得到有效的治疗。

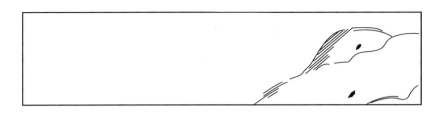

整整一天一夜之后，大火终于被扑灭，也算是一场惨胜吧。

损失惨重

　　望着眼前的灰烬，苏东坡心里五味杂陈。这场战役的最终结局是：焚毁大型楼宇8栋、小型民居13户。军巡铺将士7人重伤、11人轻伤，百姓6人受伤，所幸无一人卒于此役。这场火灾造成直接经济损失超30000贯，绝对是杭州城近10年来最糟心的一个灯夕节（注：北宋时期1贯的购买力约等同现在的700元人民币，而1000贯一栋的房屋可算中上品）。

143

🔥 经此一战，痛心疾首

看来这次大火对苏东坡打击不小，其实早在指挥救火时，他便已经下定决心组建更具专业化、规模化的消防队伍，以应对各类火情，而不是如现在这般，仅靠军巡铺兼差。所以风波刚平，他便奋笔疾书上奏朝廷，提出了火政修订与组建潜火军兵的初步构想，后被朝廷纳入议程。

遗憾的是，改制还未成型，北宋便陷入战乱，此事也被束之高阁。1101年，苏东坡仙逝。1127年，北宋灭亡，徽宗之子赵构率君臣余部南迁，建立南宋。后定都杭州，并改杭州为临安府。苏东坡火备的遗志在这一时期被进一步传承和发扬。

1208 年，南宋，临安。

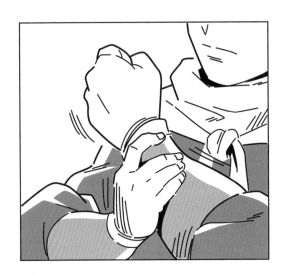

✿ 新时期，新力量

转眼已是南宋嘉定年间，临安的消防组织日趋完善，除军巡铺外，新增两套"专职火隅"班底：一是升级版的军巡铺，称为防隅军兵；二是御前直属部队，称为潜火军兵（下辖7队，故也称其为"潜火队"）。至此，我国专业消防体系完全成型，这是世界上第一个真正全职服务于消防安全的国家系统。

更重要的是，正因为苏东坡等大员前赴后继地推动，南宋时期的火灾认识和救援水平得到极大提高。这无疑是世界消防史上的高光时刻。

【注音】：①隅（yú）。

接下来是小百科

一会儿接着讲故事 ↱161

① 特殊火行为：轰燃

突然间

🔥 什么是轰燃

　　这一章的开头，房屋由局部着火突然变成失控的全面燃烧状态，这是一种十分典型的轰燃现象。火灾初期，房间内只有一部分可燃物燃烧，但随着室内温度和热辐射的增加，屋内其余可燃物可能迅速热解并被点燃——看似"轰"的一下，整个房间内形成全面燃烧，火焰也将会从门窗等开口溢出。这种房间内由局部燃烧向全面燃烧急速转变的现象，就是轰燃。

至于这个转变的条件是什么？

我们用一个具有全实木家具的宋代卧室来举例说明。

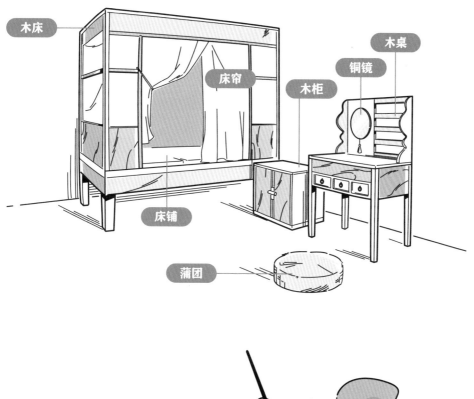

木床

床帘

木桌

铜镜

木柜

床铺

蒲团

🔥 来作个小比较

为了更直观地说清楚这个现象的转变过程，我们用两种情况来作个对比：场景1是把家具放在户外的情况，场景2则是将家具放在室内的情况。这两种场景，都假设火灾是由蒲团起火引发的。

场景 1

户外（开放空间）火蔓延

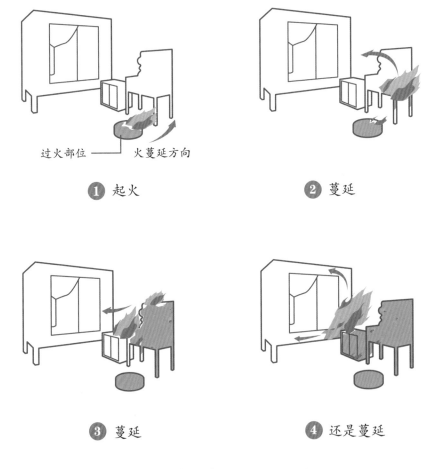

① 起火　　　　　　② 蔓延

③ 蔓延　　　　　　④ 还是蔓延

可燃物蔓延有一个明显的路径。

场景 2

室内（受限空间）轰燃

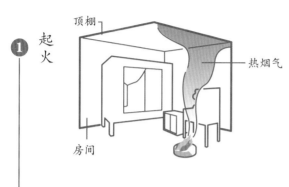

①起火

轰燃条件 1：
房间具有良好的通风条件

　　如果室内通风不良，明火可能逐渐减小，甚至自行熄灭，或在氧气浓度较低的情况下以很慢的速率维持燃烧。但通风也不可太强，否则房间内无法持续升温。

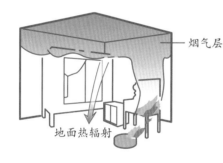

②烟气填充

轰燃条件 2：
烟气层温度达到 $500\sim600^\circ C$，或地面辐射强度达到 $15\sim20$ kW/m^2

　　这里出现的数值是根据大量实验得到的经验值范围。随着燃烧的发展，热烟气不断聚集，一旦达成条件 2，则全屋可燃物将快速热解产生可燃性气体，并随时可能转变为全面、快速燃烧，形成轰燃。

③轰燃

　　发生轰燃后，屋内所有可燃物全面参与燃烧。

🔥 独轮车

　　还记得前文的救援画面吗？其中的独轮车可是我国古代的重要运输工具之一，其优势是可单人操作、负载量大、转向灵活，可适用于各种地形。《清明上河图》里就有大量独轮车的身影。宋代衍生出一种独轮车的变体，后可人推、前可驴拉，称为"串车"。明朝时将其改进为拉客的"双缱独轮车"。独轮车这一运输形式一直留存到现代，且被亲切地唤作"鸡公车""二把子车"等，继续活跃在田间地头。

　　回到正题，在宋代的灭火救援中，对于施救者，独轮车无疑是很好的选择。如果使用担架，搬运一位伤员则需要两位救援将士，大大折损了作战能力。但凡事也有正反面，独轮车的调用就不如担架方便——只不过宋朝那会儿，全世界都还没发明担架呢！

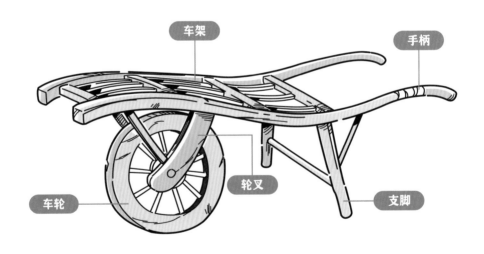

车架　　手柄　　轮叉　　车轮　　支脚

【注音】：① 缱（qiǎn）。

⑥ 其他办法

除此之外，很多时候转运伤员需要因地制宜，有什么条件就用什么条件，常见的如人力拖拉、肩背。有马匹的情况下，可以直接用马匹驮着伤员走。如果附近有其他运输工具，像是板车之类的，那当然更好啦。

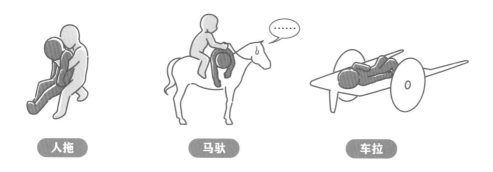

人拖　　　　　　马驮　　　　　　车拉

⑥ 再说担架

宋朝之后，大约在14世纪，人们开始用柳条和木杆编织可用于抬人抬物的工具，这就是担架的前身。随后，各国都出现了类似担架的器具。战场上的第一个军用担架标准，是1886年由沙皇俄国率先制定的，其中规定担架由帆布担架面、木质担架杆以及绑带等组成。

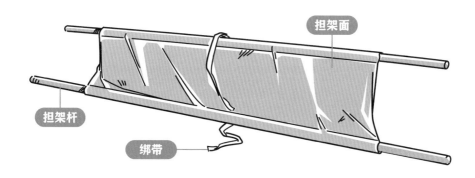

担架面

担架杆

绑带

实际上，我国汉代的一种小轿子——步舆，和担架的原理也近乎相同。只不过步舆是两根木梁夹着一块木板，需2～4人协力抬动。所以，这种仪式感满满但略显笨重的运输工具就无法在战场或火场上使用了。

❸ 宋代十位火备大员

嚯嚯!

北宋

火备也得拿出愚公移山的精神啊!

南宋

| 王懿 | 袁正庆 | 范仲淹 | 陈希亮 | 陈襄 | 周湛 | 苏东坡 | 叶康直 | 袁甫 | 赵善俊 |

❹ 南宋的消防新战力

¥100

新品

由于南宋时期专职消防系统的建立,灭火的军兵们从制度到制服无不发生了重大变革。那我们就从非常直白的救援将士"大兵造型"聊起吧!

铁笠

看起来就像一个铁制的范阳笠,可对头部起到很好的保护作用。

身甲

由于不再兼负各种追捕任务,对机动性要求降低,故轻甲再次加身,技能点调整为:

战 +10　防 +30

敏 −20　型 +50

◐ 防隅军兵与潜火军兵

进一步从建制上看，南宋嘉定年间临安已拥有专职消防队伍，包括防隅军兵、潜火军兵及殿前司协同救火将士，达到史无前例的5000余人规模，大幅领先同时期其他国家大型城市的消防力量。下面，我们来看看临安府整体的部署情况。

防隅军兵编制

基本单位	个数		每隅人数	小计
城区火隅	12	×	102	= 1224
县火隅	8		不等	= 1800

潜火军兵编制

基本单位	个数		每队人数	小计
水军队	1	×	206	= 206
搭材队	1	×	118	= 118
亲兵队	1	×	202	= 202
帐前队	4		不等	= 350

殿前司协同

驻扎于临安城外东南西北四方，小计1200名将士

合计：**5100**

注：以上仅为专职消防员，如果算上军巡铺等兼职战斗力，人数将超过5万。

拓展小阅读

腿上的重要装备
长靴和绑腿

　　大家有没有注意到，从古代到近代，无论是救火还是打仗的士兵，都爱穿一双结实的长靴子或者打绑腿。能在上千年里深得战士们青睐，相信肯定不是为了摆摆造型用，它们到底有何特殊之处？

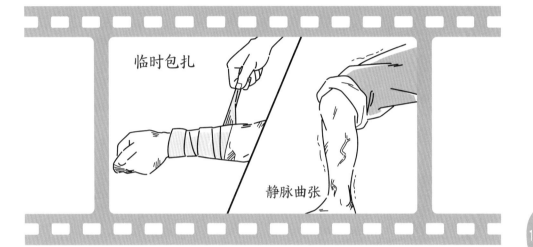

临时包扎

静脉曲张

　　说起长靴和绑腿的好处，那可多了，它们主要的优势是可以保护脚部。在长时间的奔走中，对于动脉，它们可防止血管过度膨胀、血液向下流动过快，减轻脚部充血、酸痛和肿胀等不适。而对于静脉，它们则可预防因淤血扩张形成的静脉曲张等疾病。

　　此外，它们也能约束腿部肌肉的运动方向，减少无效功耗。更有意思的是，绑腿在关键时刻还可以作为临时绷带使用，实在是"居家旅行必备良品"。

　　随着科技的进步，到了现代，战士们的长靴、绑腿逐步升级为各种高帮特种靴，继续发挥作用。

提手

围条

胫骨保护层

裸骨保护层

脚背保护层

靴帮

脚根保护层
及反光条

靴底

剖面图

钢包头

防穿刺层

　　来看看现代消防员作战时的灭火防护靴，同样采用了高帮设计，用处和古代的长靴、绑腿一致，但灭火防护靴所具备的其他功能就是后两者难以企及的了。靴整体由高科技特种橡胶制成，靴内还安装有钢包头与防穿刺钢底。所以，现代消防防护靴不仅防火、隔热、防电击、防腐蚀，还防砸、防穿刺。一个字，绝！

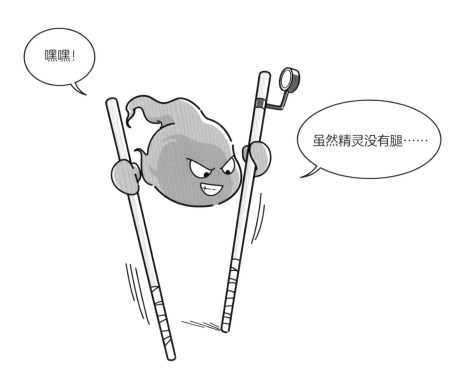

火团团不知从哪里弄来一副"绑了腿"的高跷，
这是要干什么？

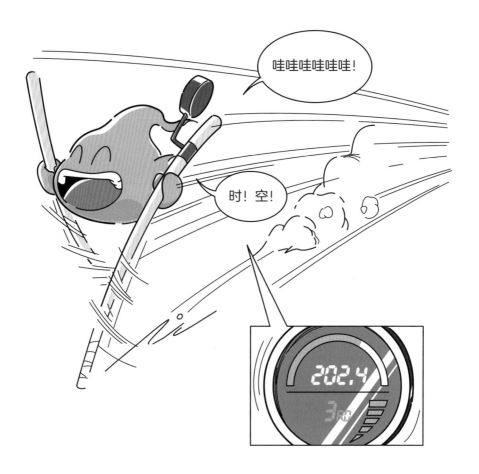

跑着跑着，一瞬间消失了，这……是又到转场了吗？

第七章　屋脊小神兽

故宫篇开始

2024 年，北京故宫（紫禁城）。

小琼老师

同学们，这就是斗拱。

哇！

老师，老师，
屋顶上站着的是什么啊？

屋脊兽

　　小琼老师的故宫研学团里，一位眼尖的同学注意到了太和殿屋脊上的一排神兽。上边一排小小的雕塑叫"跑兽"，底下那个梁端的龙头称为"套兽"，它们就是屋脊兽。屋脊兽的起源可追溯至汉朝时期，原型多是一些祥瑞之兽，寓意避火消灾。

🔥 精灵生存法则

　　大伙儿瞄向屋顶的目光让一个"人"（准确说是一团火）面临了大危机，好巧不巧，火团团刚好在前一刻传送到了这片屋脊。要是被大家发现就惨了——根据《元素精灵生存法则》第一条，作为故事的观察者，绝不能被故事里的人类逮住，这是精灵们从远古以来达成的重要共识。

⑥ 美好的愿望

故宫屋顶上最为吸引人们目光的大概就是这些小小的跑兽了。跑兽又称小跑、走兽或蹲兽，按宫殿等级，跑兽数量可以为3、5、7、9。唯独太和殿因其至高地位，单条饯脊站立着象征"十全十美"的10只小跑兽。

跑兽中，龙、海马、狎鱼、狻猊等四兽皆有携水镇火之意。而处于第十位的行什，原型则是雷震子，意为避免雷电天火。10只跑兽里大部分都寓有消除火灾的美好愿望，可见古人对火的敬畏与重视。

【注音】：①饯（qiàng）；②狎（xiá）；③狻（suān）猊（ní）。

🔥 弄巧成拙

火团团想到的"好办法"原来是变成跑兽的模样蒙混过关，但危机似乎并没有解除，因为大家发现屋脊的神兽多了1只——怎么变成11只了？

⚫ 飞跃琉璃瓦

眼看就要暴露，那还愣着干什么，赶紧开溜吧！火团团头也不回，一溜烟翻过屋顶，窜向了太和殿后，留下一串脚踩琉璃瓦发出的丁零当啷声。

屋顶上这金黄色的琉璃瓦，可是我国古建筑的一大特色。琉璃，由优质矿石粉碎、加压成型并高温烧制而成。

金砖金瓦金銮殿，太和殿绝对当得起"天下第一屋"的称号。

🔥 神秘的大铜缸

　　看到此番略显奇特和丑萌的小动物，同学们当然不肯罢休、紧追不舍，完全无视小琼老师的阻拦。但火团团早已借着小巧的身段和灵活的走位，迅速消失在众人视线中。大家寻觅了一阵，小健同学以他十年专业躲猫猫的经验，好像发现了一条线索——会不会藏在这口大铜缸里？

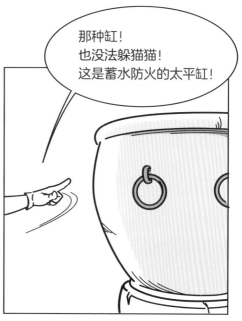

◍ 门前的大海

太平缸也称吉祥缸,意为"保佑太平,带来吉祥",是重要的消防设施,主要用途是储备灭火用水,以最短距离响应宫内火灾。整个故宫共有308口太平缸,即便是现在,还有不少太平缸保持常年满水。

它们还有一个名字叫"门海"——门前有海,何患火灾。

🔥 机会难得

鉴于太和殿的历史地位与文物价值，为更好地维护大殿风貌，早在 20 世纪 90 年代起，就已经谢绝游客进殿参观。

此次，小琼老师专程带了三位校园小助手进行研学，仅此半天，官方破例，宫殿对她们一行开放。

大家能理解小琼老师为什么这么生气了吧！

🜕 继续探索

　　火团团引起的这个小风波暂时告一段落，大家跟着小琼老师向太和殿进发，他们又将碰到什么新鲜的东西呢？

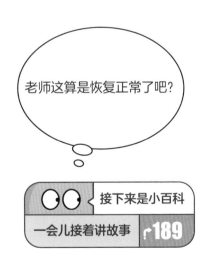

① 我国古建筑分类

　　故宫是我国极具代表性的古建筑群之一。从广义上看，新中国成立前各个朝代遗留下来的具有历史、艺术、科学文化价值的民用或公共建筑均可算作古建筑。按照其用途，可分为以下几大类：

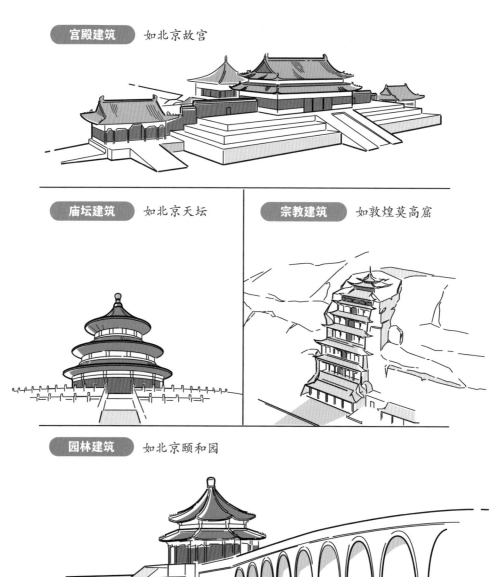

宫殿建筑　如北京故宫

庙坛建筑　如北京天坛

宗教建筑　如敦煌莫高窟

园林建筑　如北京颐和园

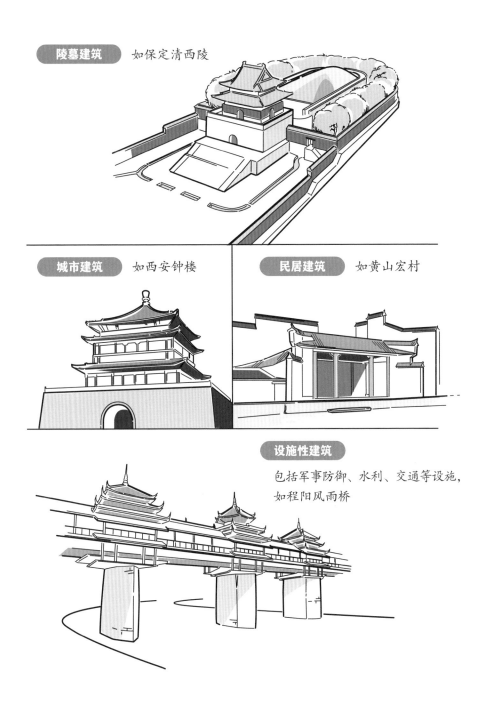

陵墓建筑 如保定清西陵

城市建筑 如西安钟楼

民居建筑 如黄山宏村

设施性建筑

包括军事防御、水利、交通等设施，
如程阳风雨桥

　　和西方以石料为主的古建筑不同，我国古建筑使用了大量木材，结构复杂且造型精美，但缺点在于抗御火灾的能力略显不足。

❷ 斗拱结构

🔥斗拱

中国古建筑内部有一种常见的用于托举屋檐的承重构件——斗拱，即"斗"和"拱"叠加结合的构件单元，起源于战国时期。斗拱的奇妙之处在于小巧、精细、层叠、耐压，不仅传达了建筑之美，也体现出工艺之难，它是我国大型木结构建筑的灵魂。

随着年代的变迁，斗拱形式多样、种类繁杂，但基本部件仍主要是斗、拱、翘、昂、升。

斗 + 拱

174

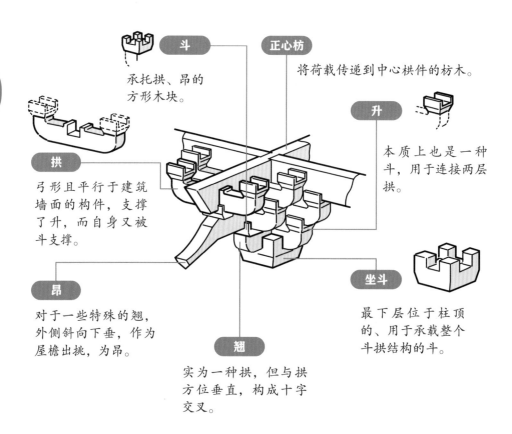

斗
承托拱、昂的方形木块。

正心枋
将荷载传递到中心拱件的枋木。

升
本质上也是一种斗，用于连接两层拱。

拱
弓形且平行于建筑墙面的构件，支撑了升，而自身又被斗支撑。

昂
对于一些特殊的翘，外侧斜向下垂，作为屋檐出挑，为昂。

翘
实为一种拱，但与拱方位垂直，构成十字交叉。

坐斗
最下层位于柱顶的、用于承载整个斗拱结构的斗。

建造的事情我管，
防火的事情找老墨去。

鲁班

公输氏，字依智

斗拱和榫卯，是两个不同层面的概念。斗拱和梁、柱一样，是一种承重构件，而榫卯则是构件内或构件间的一种连接结构。

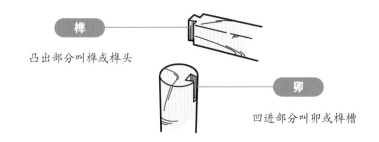

榫

凸出部分叫榫或榫头

卯

凹进部分叫卯或榫槽

因此，两者的关系可以这么形容：斗拱是榫卯结合的承重构件，同时也是榫卯极为优美的表达形式之一。

墨子

谁又在背后
说我……

阿阿啾！

【注音】：① 榫（sǔn）；② 卯（mǎo）。

⚫ 五脊六兽

前文提到的一串小跑兽虽然意义非凡,但还排不进五脊六兽之列。一般来说,中式宫殿的"五脊"指的是正脊加上四条垂脊,而"六兽"指的则是这五条屋脊端部的六只大型脊兽(两只正吻和四只垂兽)。大到什么程度?就以太和殿为例,其正吻高达 3.4 米,重量超 4 吨。

太和殿垂脊的下端和下檐戗脊(戗脊又叫岔脊,而下檐上的戗脊也为一种角脊)上站着的才是小跑兽,而小跑兽前边还有一位领路的仙人,人称"骑凤仙人"。由于这只凤是以鸡为原型进行塑造的,民间也戏称他为"骑鸡仙人"。

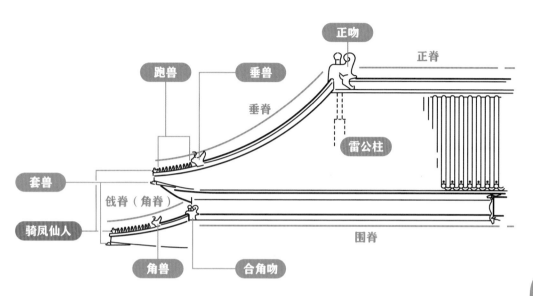

正吻

跑兽　　　垂兽

正脊

垂脊

雷公柱

套兽

戗脊（角脊）

围脊

骑凤仙人

角兽　　　合角吻

⑥ 雷公柱

　　故宫地势平坦，大殿宏伟高大，不少建筑具备了天然的引雷体质，处于最高点的正吻则成了雷击时的放电尖端。古代工匠为解决这一问题，在正吻下方设计了雷公柱，希望起到避雷针的作用。遗憾的是，正如所有木质材料一样，雷公柱是无法防雷的，历史记载景阳宫的一次雷击火灾，击中的部位正是雷公柱。故宫因火数度重建，部分原因就是雷击起火。

　　可以说，屋脊上这些大大小小的脊兽们，更多的是代表人们一种祈福平安的美好愿望。直到 20 世纪 50 年代末，故宫大规模安装了金属避雷针，这才使得这些古建筑真正免遭天火。

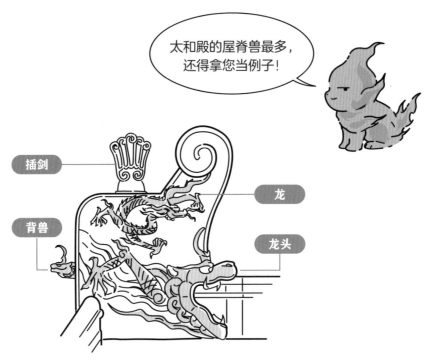

太和殿的屋脊兽最多，
还得拿您当例子！

插剑

背兽

龙

龙头

178

🔥 吻兽

　　吻兽是殿宇屋顶的一种特殊构件，最高的为两个正吻，如有重檐，则下层角脊上端的称为合角吻，其作用是装饰、彰显等级以及压实屋脊。不同朝代吻兽的称谓、外形或有所变化，但不管是鱼、鸟、龙，总体寓意都是魇火取吉。

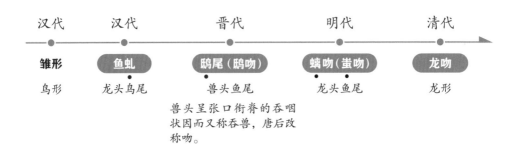

汉代	汉代	晋代	明代	清代
雏形	鱼虬	鸱尾（鸱吻）	螭吻（蚩吻）	龙吻
鸟形	龙头鸟尾	兽头鱼尾	龙头鱼尾	龙形
		兽头呈张口衔脊的吞咽状因而又称吞兽，唐后改称吻。		

【注音】：①魇（yǎn）；②虬（qiú）；③鸱（chī）；④螭（chī）；⑤蚩（chī）。

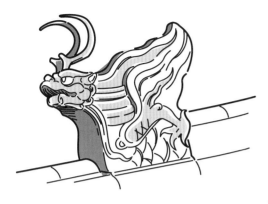

垂兽与角兽

垂兽和角兽的区别只是位置不同，其实都是一个带弯角的兽头。有学者考据认为垂兽也是螭吻，其实，它的真正用途是一个"钉帽"。匠人们为防止垂脊的瓦件下滑，在下端打入铁钉限位加固，为避免钉孔漏雨，便加盖了这一优美又实用的钉帽。

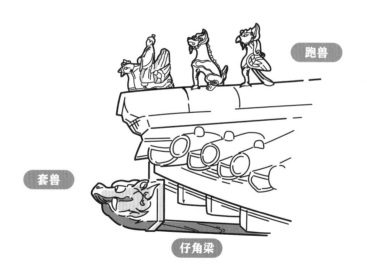

跑兽

套兽

仔角梁

套兽

套兽是安装在屋檐仔角梁端头、防止雨水直接侵蚀屋檐的构件。造型通常为狮头、凤凰或龙头，有的中部还有排水孔，是一种兼具防水和装饰功能的独特设计。

太和殿由于采用了二重檐结构，所以套兽也有两层，均为龙头。

🔥 跑兽

脊上跑兽的数量与殿宇等级直接相关，同时它们也是钉帽，这就是所谓的"稳稳的幸福"吧。故宫太和殿的10只小跑兽内涵丰富、各有寓意，我们来逐个认识一下吧！

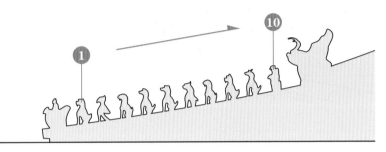

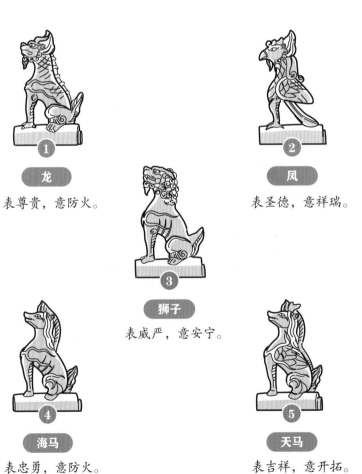

1 龙
表尊贵，意防火。

2 凤
表圣德，意祥瑞。

3 狮子
表威严，意安宁。

4 海马
表忠勇，意防火。

5 天马
表吉祥，意开拓。

6

狴鱼

呼风雨，意防火。

7

狻猊

布云雨，意防火。

8

獬豸[1]

表公平，意正义。

9

斗牛

表庇护，意镇水。

10

行什

雷震子，意防雷。

你也是狴鱼吗？

……

新加坡

SINGAPORE

【注音】：① 獬（xiè）豸（zhì）。

❺ 太平缸详解

直播中

购物车 ⑨

挂耳 —— 兽面铜环，寓意吉祥。

暗格

内部可放炭火、
防止冬天缸内结冰。

视频　详情　评价　服务

¥ **500～1500** 两（白银）　　已售：300+　　领券 >

商品编号：GG-THD-301	
名称：太平缸	别名：吉祥缸、门海
重量：约1500千克	尺寸：直径160厘米、高120厘米
容量：2000升	材质：按等级分铁、铜和鎏金铜
用途：消防水缸。皇宫内为应对火灾，在各处设立数百个太平缸，以就近取水。	
特色：多点分布、广泛覆盖，常年满水、不惧严寒。	

分享　　☆ 收藏　　　　**加入购物车**

在前些年的某部宫廷剧中，有这样一段细节感满满的剧情：火灾发生后，太监、宫女们发现由于炉火熄灭导致太平缸内水被冻住了，耽误了火灾扑救。

给编剧
加鸡腿！

　　猫，可是故宫第一批居民。目前故宫登记在册的猫大概有200只，其中一部分是宫廷御猫的后代，另一部分则是流浪猫。除了日常卖萌之外，它们的另一个作用是抓老鼠。老鼠是导致文物受损和电线短路失火的主要原因之一。或许因为有了这群常年无休的喵星人，故宫在600余年的光景中还未曾发生过鼠患。可以说，宫猫们正以自己的方式为故宫的火灾安全贡献力量，喵星人功不可没！

拓展小阅读

司马光
砸的到底是什么缸

　　刚刚说到小健同学以专业躲猫猫经验猜测火团团藏在大缸里，与"缸"相关的，有一个家喻户晓的故事——司马光砸缸。大家不一定记得他是《资治通鉴》的主编，也不一定记得他曾经官至宰相，但一定记得他幼年时候砸过一口大缸，勇敢地救出了自己的小伙伴。但是，他砸的真的是"缸"吗？

敞口为缸，收口为瓮

缸

瓮

门前放置"门海"的习惯可以追溯到五代十国时期。由于受制造工艺限制，最初并非用缸，而是用大水桶，其后还用过"瓮"。

要知道，因缸为敞口，烧制过程中易破裂或坍塌，北宋的烧陶工艺还很难完成大型缸的烧制。而烧制瓮则容易许多，瓮的纺锤形结构使其内应力相对分散，结构强度和烧制可靠性大幅提高。

另外，由于瓮口小体窄，要是娃娃掉进去，想靠自己爬出来恐怕是难于登天。相反，真掉进大水缸里反而有更多的自救空间，所以，司马光砸的其实是瓮。

　　这个一字之差的小花絮，来自现代白话文再创作时的一点"改良"。毕竟对小读者来说，知道瓮的并不多，那就干脆用缸代替吧。但《宋史》上写得十分明了："一儿登瓮，足跌没水中，众皆弃去，光持石击瓮破之，水迸，儿得活。"七岁的小司马光从此一砸成名，他的救人义举，直到今天仍不断激励着我国的万千少年儿童。

河南光山县
感恩亭

再说回那名被救的男孩，正史中虽没有记载，但经族谱考证，其名叫上官尚。为感激司马光的救命之恩，后更名为"上官尚光"，并建"感恩亭"以使家族后世铭记司马光的恩情。为弘扬中华民族知恩图报的美德，河南信阳市光山县政府在原址上重建了感恩亭，并将所在村寨正式更名为"司马光小镇"。

第八章

紫禁城火班

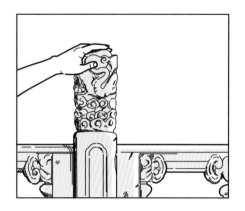

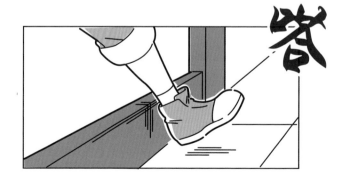

嗒

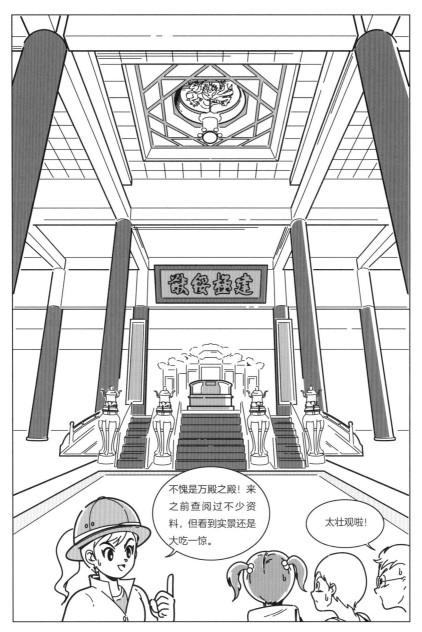

内有乾坤

太和殿位于故宫中央,是最大的殿宇,也是举行重大朝典(如登基、出征仪式等)的场所。大殿中央金柱间,安放着明清帝王的龙椅。龙椅之上挂有乾隆所书匾额"建极绥猷",意为上对皇天、下对庶民、承天立法、顺天抚民。

再往上看就是藻井了,中心造型为龙戏珠,下层四方、上层圆井,象征天圆地方、乾坤浩荡。藻井作为一种装饰构件,通常用荷叶、水藻等水生植物作为装饰图案,以祈愿镇火,护佑建筑。

【注音】:① 绥(suí)猷(yóu)。

大家一路看到的"祈愿性"和"实质性"防火设施是不是不少？可以说处处都体现了古人对火的敬畏。

脊兽

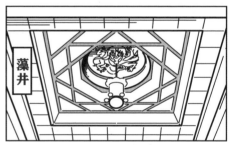

藻井

防火墙

太平缸

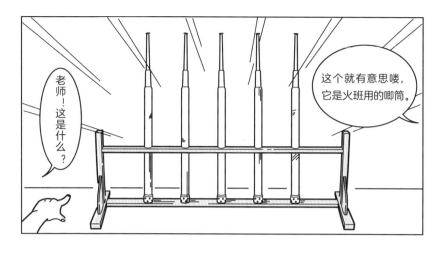

🔥 灭火的神器

唧筒，是古人极具代表性的"单兵手持式专用水基灭火器"，宋代（见《东坡篇》中的竹唧筒）以来经过了多番改良。明清时期升级为金属材质，增加支脚，因此又称"岔子激桶"，为当时皇宫专职消防组织"火班"的主力救火工具之一。另一种主力工具则是"激桶"。唧筒、激桶、汲桶，怎么感觉脑瓜子有点嗡嗡的？

🔥 皇家消防队

　　火班——紫禁城专属消防队，建制于1727年（雍正五年），由八旗官兵、护军等构成，具有较为完备的灭火工具以及完善的运行制度、灾情预案。

🔥 唧筒

　　唧筒看起来虽然像大号的玩具水枪，但其灵活且射程远。小号唧筒可单兵操作，大号唧筒还需要一位唧筒手来稳定筒体或支脚。

🔥 汲桶

　　汲桶又叫汲水桶，由于发音与唧筒、激桶相近，且都与水相关，故容易混淆。汲桶一般指井里、河边取水用的桶。为方便打水，底部常设计为圆锥形，放入水中便可自动倾倒装水。

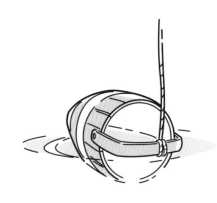

🔥 火钩

和宋代的"火钩类"工具（如第五章出现的火叉和火镰等）类似，清代火钩的主要任务也是抢救或移动火焰中的高温物、扒开燃烧物、拉拔障碍物甚至作为救援牵引。值得一提的是，这一器具一直被沿用至今。

🔥 激桶

激桶和唧筒的原理都基于泵浦，但激桶无论是容量、效率和射程都明显得到了提高，当然操作手数量也随之增加。它还有一个别称——水龙。要说起水龙那故事可就多了，我们先按下不表，且听下回分解。

🔥 不安分的小健

我们不安分的小健同学好像又发现了什么新鲜目标，趁小琼老师给大家专心讲解太和殿知识的时候，悄无声息地、慢慢转身向另一个方向偷偷走去。他嘴里轻声地念叨："宝座、宝座、宝座……"

——啊？难道？不会是？

🔥 危机又起

　　还记得之前火团团逃进了太和殿吗？是的，它就躲在龙椅后边。本以为危机解除了，看到小健正步步逼近，它顿时又陷入慌乱之中，但已退无可退，只能在心里大声呼叫："你不要过来啊！"其实小健没发现这个小火团，他的视线完全锁定在了这张霸气的椅子上。

　　插播元素精灵知识一则：由于精灵的外表由稀薄的元素构成，仅内部有一个体积很小的高密度元素核心，所以火团团既没有火焰的高温，也没有刺眼的辐射。大家不用担心它烧坏宫殿，我们的火团团是名副其实的"名不符实"。

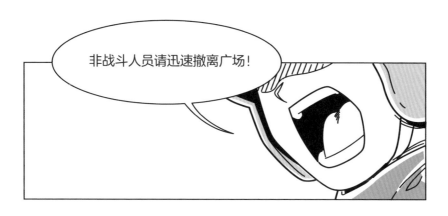

◑ 再脱困境

　　突然，门外传来一声大吼，大家齐刷刷地扭头向外看去。更有意思的事情即将发生。

　　火团团，你又得救了！

接下来是小百科

一会儿接着讲故事 215

趣味知识小百科

❶ 故宫里的防火墙

　　故宫宏大的木质殿宇群落，从它修建伊始就注定与火结伴。在它还叫紫禁城的时期，就已经发生过近百起大大小小的火灾。在没有危险源辨识、火灾风险分析等手段的年代里，古人就已经通过试错的方式在故宫内逐步建起多种形式的防火墙，这些高墙对火灾防治起到了重要作用。

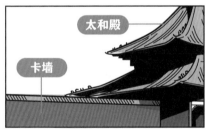

● 殿宇卡墙

　　卡墙是连接殿宇之间的短墙，形似卡子。太和殿两侧的防火卡墙极具代表性，是 1679 年太和殿因御膳房失火蔓延而连带被烧毁后，重建时特别加盖的砖石防火隔断墙。

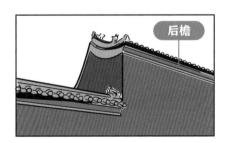

● 封后檐墙

　　封后檐墙又叫封护檐墙、风火檐墙，不仅音谐，而且意达。其特点是后房檐墙面不留门窗，且用砖墙封住屋檐的檩椽木结构，以形成隔断。相传这一设计最早是由雍正皇帝提出的。

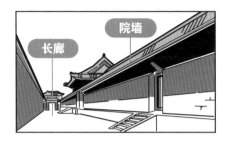

◔ 廊式院墙

　　院墙也是重要的防火墙。紫禁城的院落布局很大程度上受火灾经验的启发。典型的例子如保和殿庑房的廊式隔断墙，此类联排建筑可以有效避免发生火烧连营的情况。

◔ 硬山山墙

　　硬山顶是一种古建筑"屋顶样式"，只有前后两个坡。侧面的山墙从底联通房顶，将内部木质结构完全保护起来，类似徽派建筑的马头墙，是单体建筑中一种重要的防止火蔓延的设计。那么新问题来了，屋顶样式是什么呢？

❷ 古建筑屋顶样式

我国古建筑的屋顶样式众多，且大都与等级挂钩，一起来看看这些主流样式吧！

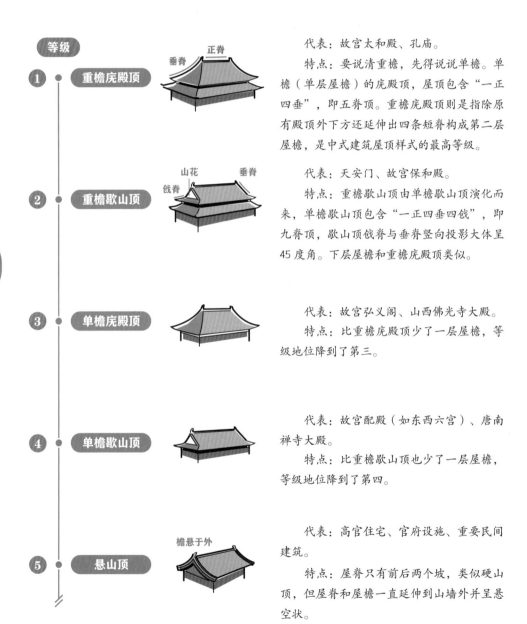

等级

1 **重檐庑殿顶**

代表：故宫太和殿、孔庙。

特点：要说清重檐，先得说说单檐。单檐（单层屋檐）的庑殿顶，屋顶包含"一正四垂"，即五脊顶。重檐庑殿顶则是指除原有殿顶外下方还延伸出四条短脊构成第二层屋檐，是中式建筑屋顶样式的最高等级。

2 **重檐歇山顶**

代表：天安门、故宫保和殿。

特点：重檐歇山顶由单檐歇山顶演化而来，单檐歇山顶包含"一正四垂四戗"，即九脊顶，歇山顶戗脊与垂脊竖向投影大体呈45度角。下层屋檐和重檐庑殿顶类似。

3 **单檐庑殿顶**

代表：故宫弘义阁、山西佛光寺大殿。

特点：比重檐庑殿顶少了一层屋檐，等级地位降到了第三。

4 **单檐歇山顶**

代表：故宫配殿（如东西六宫）、唐南禅寺大殿。

特点：比重檐歇山顶也少了一层屋檐，等级地位降到了第四。

5 **悬山顶**

代表：高官住宅、官府设施、重要民间建筑。

特点：屋脊只有前后两个坡，类似硬山顶，但屋脊和屋檐一直延伸到山墙外并呈悬空状。

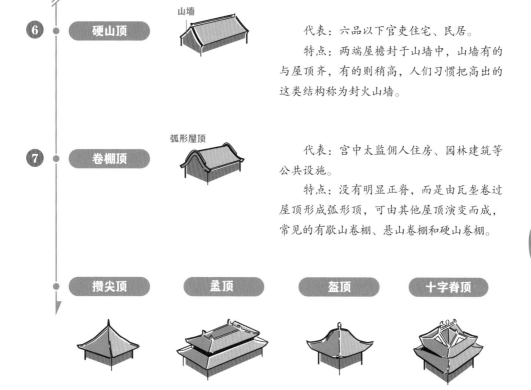

6 硬山顶

山墙

代表：六品以下官吏住宅、民居。

特点：两端屋檐封于山墙中，山墙有的与屋顶齐，有的则稍高，人们习惯把高出的这类结构称为封火山墙。

7 卷棚顶

弧形屋顶

代表：宫中太监佣人住房、园林建筑等公共设施。

特点：没有明显正脊，而是由瓦垄卷过屋顶形成弧形顶，可由其他屋顶演变而成，常见的有歇山卷棚、悬山卷棚和硬山卷棚。

攒尖顶　　**盝顶**　　**盔顶**　　**十字脊顶**

代表：园林角楼、凉亭、碑亭、阁楼、庙宇等公共设施。

特点：对于太过普通的公共设施上的屋顶样式，或太过稀少的特殊楼宇上的屋顶样式，古人们似乎没有考虑它们的等级。虽然其中不乏个性之作，但这一类都统称为"无等级"。

凉帽

对襟无领长袖衫

绑腿

浅口布军鞋

🔥 火班及其编制

　　火班可以说是我国历史上第一个由皇室主导建立的御用专职消防队伍，其职责主要为保卫皇宫火灾安全。经过清朝历代皇帝的整顿与改进，火班体系也愈加成熟，可以说为现代消防体制的建设提供了大量实践经验。

1644 年 ● 八旗火班

　　清初，顺治皇帝设"八旗火班"，为火班前身，一共八处，由满、汉、蒙三旗军队驻守。

1727 年 ● 火班

　　雍正年间，火班正式组建，人员包括八旗官兵、步军和护军等，人数数百，鼎盛时过千。

　　乾隆年间，火班改"分散"为"统一"驻守。编制总数稳定在 182 人，乾隆皇帝特别强调身体素质是灭火战斗的基石。

1889 年 ● 激桶处

　　光绪年间，为更好地保卫武英殿（修书场所），大批消防力量驻扎于殿旁，并设编 200 名激桶兵，故称激桶处，也是火班主力。

1905 年 ● 警政司

　　晚清，光绪年间，火班退出历史舞台，由巡警部下设警政司的消防队取代，有警官 32 人，后改为消防公所，隶属于京师警察厅。

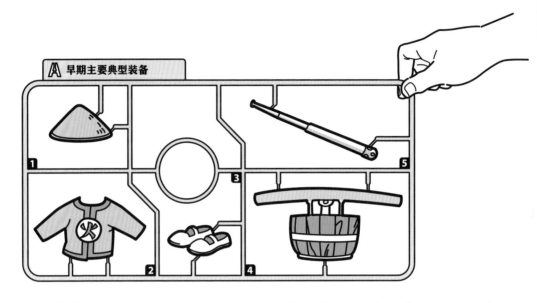

拆装说明：A1 凉帽 /A2 对襟无领长袖衫 /A3 浅口布军鞋 /A4 老式激桶 /A5 唧筒。

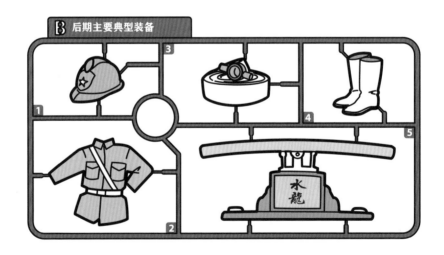

拆装说明：B1 铜制头盔 /B2 消防制服 / B3 水龙带 / B4 军靴 / B5 改进激桶。在清代经过多次改良，B5 这种带把手的激桶又被称为"木制抬龙"。

🔥 火班装备进化

在清朝近300年的跨度中，消防装备不断改良。清末在西方影响下，不少装备已经颇具现代风格，如激桶加装了马达和车轮，从"水龙"变成"机龙"，这几乎就是现代消防车辆的设计理念。

🔥 激桶处

为保卫皇室典籍书画，光绪皇帝命火班主力移师于紫禁城西南角武英殿旁的一排平房里。我国五行说认为，"水，色黑"，所以这排屋顶是一水黑瓦。虽然皇宫许多大殿都就近放置了一些唧筒或激桶，但主要的救火装备还是存放在这一专用场所内，故这里的驻守机构也叫激桶处，而火班在后期也就有了"激桶处"这一别称。

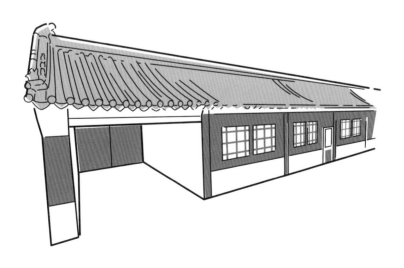

步骤 1
拿着唧筒找到太平缸等供水源

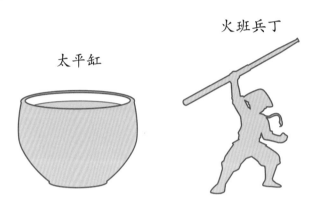

火班兵丁

太平缸

十万火急，请就近找缸。为保证关键时刻不掉链子，请务必熟记宫内太平缸分布图。

步骤 2
将唧筒底部小孔朝下，放入缸中

注意，唧筒底部的进水孔需定期清洁，防止堵塞，这种孔状设计本身也有防止异物进入筒体的作用。

步骤 3
向上提起内筒吸水

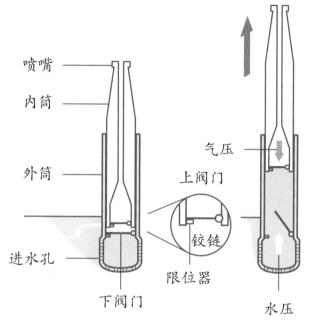

喷嘴

内筒

外筒

气压

上阀门

铰链

进水孔

限位器

下阀门

水压

步骤 4
对准目标火源

大号唧筒拉到极限时，长约 2 米，水平射程可达 20 米。考虑到喷射时水流的抛物线轨迹及唧筒有限的容量，"对准目标"极其关键且并非易事，所以正式上岗前还请诸位一定勤加练习。

步骤 5
回压内筒，扑灭大火

轮到上阀门被水流冲开了

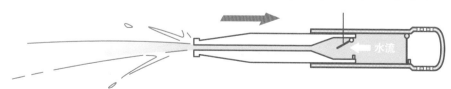

水流

❺ 故宫之水何处来

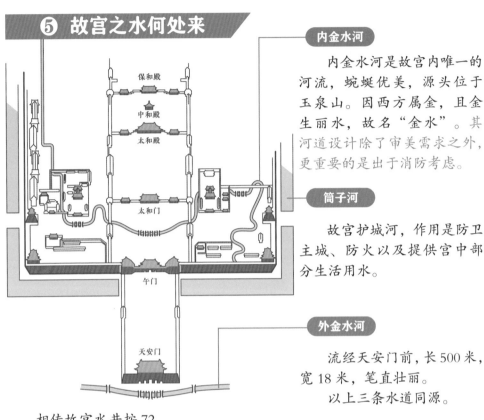

保和殿
中和殿
太和殿
太和门
午门
天安门

内金水河

内金水河是故宫内唯一的河流，蜿蜒优美，源头位于玉泉山。因西方属金，且金生丽水，故名"金水"。其河道设计除了审美需求之外，更重要的是出于消防考虑。

筒子河

故宫护城河，作用是防卫主城、防火以及提供宫中部分生活用水。

外金水河

流经天安门前，长500米，宽18米，笔直壮丽。

以上三条水道同源。

相传故宫水井按72口开凿，遍布各院，寓意七十二地煞，而随着用水需求的变化，水井数量最终超过了80口。皇宫小井亭都极为奢华讲究，五脊六兽一个不落（当然井与井之间也有等级之分）。

然而真正用于饮水的井极少，"大内饮水，专取之玉泉山也"。主要是出于安全方面的考虑——宫廷斗争中，偶有投毒或人员投井的情况发生。渐渐地，水井的作用几乎只剩灭火了。

院落水井

水井，是宫中生活与消防的另一道保障。

井亭

偶有投毒

井口

❻ 大木构件的地仗

为了更好地保护和美化木质建筑，从唐宋时期工匠们就开始在大木构件（如柱、梁、枋、檩等）表面制作衬地和油饰彩绘。这种工艺技法在明朝时趋于成熟，介于木质表面和外层漆饰间的复合式内胆便是地仗。

打地仗与刷油合称为古建八大作中的"油作"。

◖ 斩砍见木

制作地仗前的准备工序，用剁斧在木材表面砍出1~3毫米深的密集小缝，使之变糙，便于后续挂灰。

◖ 打地仗

打地仗就是披麻捉灰的过程，清宫中常见地仗有"一麻五灰""二麻六灰"等，以前者为例，工序如下：

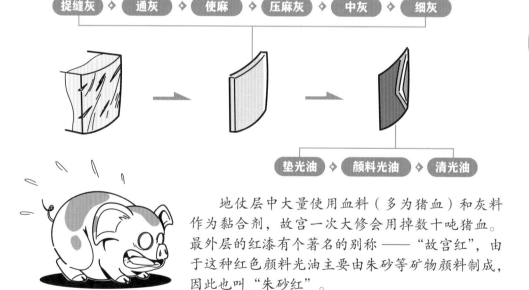

捉缝灰 ◇ 通灰 ◇ 使麻 ◇ 压麻灰 ◇ 中灰 ◇ 细灰

垫光油 ◇ 颜料光油 ◇ 清光油

地仗层中大量使用血料（多为猪血）和灰料作为黏合剂，故宫一次大修会用掉数十吨猪血。最外层的红漆有个著名的别称——"故宫红"，由于这种红色颜料光油主要由朱砂等矿物颜料制成，因此也叫"朱砂红"。

❼ 地仗有防火作用吗

虽然古人实施地仗工艺的初衷并非防火，但现代研究表明，在火灾初期地仗层可以显著降低木材受高温作用时的内部温升速率和炭化速度，有效提升其耐火极限。

那些年
太和殿遭过的罪

1421年　奉天殿

　　历史上太和殿以及它的前身遭受过多次大火。1421年（明永乐十九年）4月某一天的正午，天降惊雷，那时还叫作"奉天殿"的太和殿被雷击中，惨遭焚毁。这是太和殿的首次天劫。

　　1557年，太和殿再次因为雷击而起火。

　　第三次情况略有不同，那是40年后的1597年（明万历二十五年），归极门（清朝改称熙和门）意外起火，太和殿等三大殿受火势蔓延影响，再次被焚毁。

　　第四次、第五次是人祸。1644年李自成攻入北京，后兵败，撤退时火烧紫禁城，宫殿几近全毁。其后1679年（清康熙十八年），御膳房太监用火不慎，引发大规模火灾，火借风势蔓延至太和殿，使得大殿彻底烧毁。

　　这次事故后，康熙大帝任命梁九（明清著名匠师冯巧之徒、皇家御用建筑师）主持重建。重建不仅拓宽了太和殿与其他殿宇的距离，还增加了砖石结构的卡墙。之后一直到清末，太和殿再未发生过火灾。

　　新中国成立后，政府通过文物保护专项，在故宫大规模安装了避雷针等安全设施，大大降低了殿宇遭受雷击的风险。

谢幕！

第九章 历史守护者

神秘主管

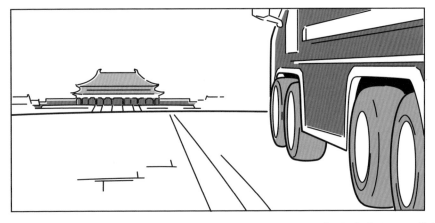

刹那间，大殿前的广场上冒出了大大小小的特种车辆，同学们哪里见过这种场面，赶紧躲到小琼老师身后。

🔥 天降奇兵

　　顺着广播声，小琼老师领着同学们迅速来到殿外一探究竟。大家靠在台基边上的汉白玉栏杆向远处眺望，刚才还一片祥和的广场上已是烟雾缭绕，不知何时抵达的数台消防车正有序地朝着目标喷射水柱。急速跑动中的消防员们、大声疾呼的安保指挥人员，一切迹象都表明：眼前发生的是大事情！

❻ 故宫的年度大戏：消防演习

　　师生一行今天的另一件大事就是参与故宫的年度消防演习。作为顾问委员会专家，小琼老师建议这次采取"局部单盲式"方案，即保证适当比例的"不知情游客和工作人员"参与这次消防应急行动，完成一次实战化演习。没想到已经"潜伏"小半天的小琼老师因李组长的一个寒暄直接暴露了。

运筹帷幄

　　消防演习的"大脑"可不在故宫内，而是远在数千米外的北京市119消防作战指挥中心。在接警后，中心迅速与故宫特勤消防救援站进行应急联动，制定灭火策略、调派救援力量等。

故宫特勤消防救援站

　　鉴于故宫的历史地位，新中国成立后，1970年周恩来总理复建其专职消防组织。最初编制一个消防排，于1975年更名为"故宫消防中队"，2016年再次更名为"故宫特勤消防中队"。

　　2019年底，在全国消防系统改革转隶的推进下，挂牌"故宫特勤消防救援站"，含40余名指战员。他们时刻肩负着天安门城楼、人民大会堂、故宫博物院等重要建筑群的消防、安保及应急救援任务。

🔥 隐秘之"河"

　　眼尖的小明同学发现消防员拉开广场地砖上的井盖，露出了消防栓。没错，这就是隐藏在故宫地下的消防管网系统末端节点。

　　在充分保证不破坏皇宫外貌的前提下，有关部门通过现代消防工程技术，在地下开凿高压供水管网系统，以满足各种消防器械所需的作战位置、水量、水压及射程等需求，彻底解决了灭火时的用水问题。

⬤ 低位高压水幕

　　消防战士利用管网密布的消防栓，可以方便地架设水幕水枪，展开低位"高压细水雾水幕墙"，一方面能快速扑灭近地火焰，另一方面可以对建筑进行大面积湿化，防止火焰蔓延。

🔥 高位驱烟水幕

对于建筑高处的火焰和热烟气羽流，就该云梯消防车出场了。这种搭载伸缩式云梯工作臂的消防车既可以救援，也可以喷射灭火剂，具有超大作业半径。使用水幕而非直流水的另一个好处是可以避免高压水直冲破坏建筑本体和内部的文物。

🔥 水幕"金钟罩"

对于类似故宫的古建筑群，通过理论结合实践，我国已经制定出多样化的消防作战策略。总体的路线是对已经起火的，或是周边需要紧急保护的建筑实施全方位控火，形成真正的水幕"金钟罩"，从而迅速遏制火势。其要诀可以概括为以下几个关键词：

低位湿化	中位堵截
高位驱烟	内部分区
精准灭火	立体防控

⚫ 灭火新势力

　　小健好像看到了一些新鲜的东西：正爬阶梯的设备是消防灭火机器人，天上的则是救援无人机。近年来，越来越多的"黑科技"开始向消防救援领域转化，特别是各类智能机器和平台。它们的优势是灵活机动、视野开阔、不怕高温、不惧浓烟，这种无人化的灭火作业将是未来消防救援的一种发展趋势。

　　听到门口的动静，火团团的心也开始按捺不住了——外面怎么了？有这么好看吗？我也想看啊！

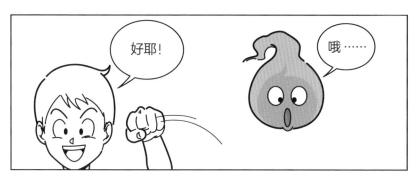

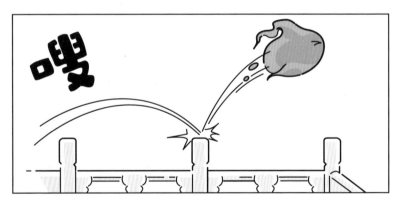

🔥 好奇害死猫

　　这句俗语再一次得以应验（虽然是只"假猫"），没办法，既然被发现就只能继续逃了。好奇归好奇，长成这样您就得低调点儿，《元素精灵生存法则》可不是闹着玩的。好在火团团机灵，几个弹跳就拉开了距离。小健则是一个箭步，转身就追。

大伙及时拉住了正在飞跃栏杆的小健，
火团团这次依旧能金蝉脱壳吗？

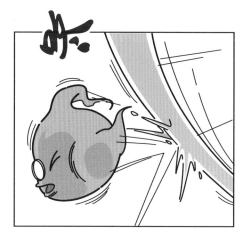 

　　没想到火团团刚跑出来就被演习中的指战员发现，对于身经百战的消防战士来说，这团小火球那可不叫事儿。队长一"甩枪"不偏不倚地命中火团团，直接把它弹飞了回去，正好掉在小健手里。

　　这下糟糕了，《元素精灵生存法则：第一条文》妥妥地被触发！

元素精灵生存法则：第一条文

　　精灵一旦与人类发生物理接触，将立刻打破因果律和时空律，瞬间陷入随机时空裂痕之中，即发生"逆量子效应"——由经典态坍缩为叠加随机态，也称薛定谔精灵效应（纯属虚构）。

故宫篇故事结束

接下来是小百科

一会儿接着讲故事 247

① 故宫的消防演习

　　故宫自 1970 年复建专职消防机构以来，以每年 1～2 次的频次开展消防演习，同时还会定期组织较大范围的多部门协同演练。参加演习的人员也并非局限于故宫内驻扎的指战员们，北京市消防总队、武警总队、120 急救中心等也都是参加演练的常客。这类大型消防演习环节众多，其中较具代表性的如下：

火灾预警

人员疏散

大家请按我们的指引有序撤离！

作战指挥

初期控火

物资转运

加快脚步！

易碎↑

人员搜救

❷ 故宫的现代消防系统

🔥 "铺天盖地"

为了保障这一片木质结构建筑群的安全，消防专家们对故宫从天上到地下用上了十八般武艺。自消防排成立以来的 50 余年中，一直保持着零火灾的记录。故宫内部的现代化消防系统设置科学且缜密，主要的消防设备包括：

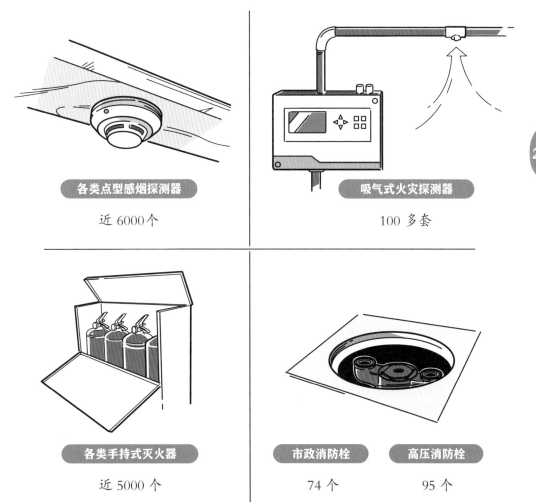

各类点型感烟探测器

近 6000 个

吸气式火灾探测器

100 多套

各类手持式灭火器

近 5000 个

市政消防栓

74 个

高压消防栓

95 个

实时高清摄像头	中控室	监控屏幕
3300 多台	5 间	65 面

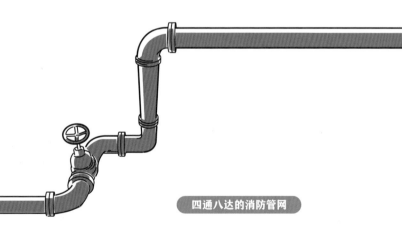

四通八达的消防管网

消防车 灭火机器人

　　配备适合故宫内通行的消防车、灭火机器人、消防吉普、消防巡逻车、消防摩托等。

🔥 "守旧如旧"

　　故宫总计78个大小殿宇、9000余个房间，其中1200栋为古木结构，规模巨大。仅靠原来的太平缸、唧筒、水龙等是远远不够的，现代化消防改造势在必行。

　　为保护建筑原有面貌，故宫在进行消防设施改造升级时严格遵循"不破坏或少量改动"建筑原有外观的原则。例如，除加装屋顶的避雷针外，绝大部分改造都集中在户外或地下，即便是消防栓也采用了下沉隐蔽式设计。这些兼顾科学和美学的改造措施，为故宫的火灾防护建立起坚实的屏障。

❸ 点型光电感烟探测器原理

点型感烟探测器是火灾早期探测的重要装置。根据其探测原理可以分为离子感烟、光电感烟、智能复合感烟等多种类型，其中应用相当广泛的就是光电感烟探测器。

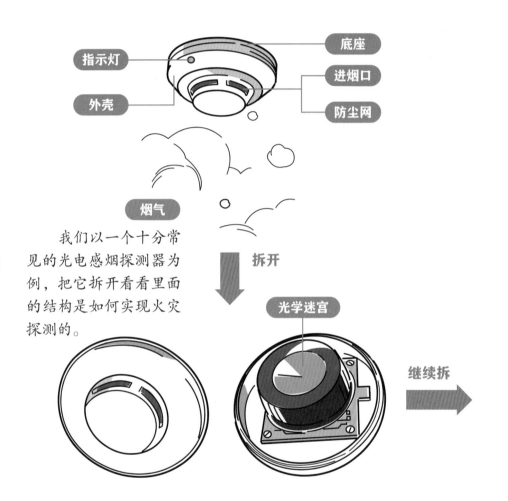

指示灯
外壳
底座
进烟口
防尘网
烟气
拆开
光学迷宫
继续拆

我们以一个十分常见的光电感烟探测器为例，把它拆开看看里面的结构是如何实现火灾探测的。

光学迷宫是核心部件之一，里面藏着探测光源与接收器。迷宫结构可防止外界环境光干扰内部探测光，同时又不会阻碍烟气进入，这种结构十分巧妙，值得进一步拆解。

散射式光路

散射式是迷宫探测腔的一种典型设计。探测光源的发射端与接收器呈一定夹角，没有烟气进入迷宫时，接收器不受光、无信号，一旦烟气进入，光线照射到烟雾颗粒后立即发生散射，接收器受光后触发报警信号。

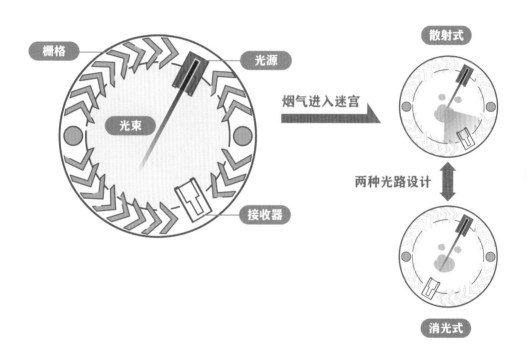

消光式光路

另外还有一类探测器，采用的是消光式装置。光源发射端与接收器处于同一轴线上，正常情况下，接收器保持接收基准光强。而一旦烟气进入后，由于烟雾对光线的吸收作用，透射光强会明显减弱，接收器感知到这一差异后立即报警。

❻ 防火宣教

除了硬件保障外，防火宣教也是非常重要的一环。广为人知的是那条铁律："宫内不能见明火"。

从 2013 年起，故宫就全面实行了禁烟令。随处可见的"禁止吸烟"标识牌不仅在告诫游客，也在提醒工作人员时刻紧绷防火的安全弦。

240

所以，对于故宫驻守消防指战员们的吃饭问题，炊事班也是明令禁止使用明火做饭的，他们只能使用电饭煲和电热锅等炊具。

此外，太和门前还设立了服务窗口，用于发放消防宣传材料、传播防火知识和理念。无数成功的经验告诉我们，宣教的力量是无穷的。

💧 沿袭古法的常态化维护

虽然有了现代化装备的加持，故宫仍旧延续着从明清时代起就有的防火传统："春除草、夏注水、秋清叶、冬凿冰"。当然，这只是一种高度浓缩的形象概括。实际上，消防指战员们在宫内一直持续着全天候、全覆盖的巡查，把防控落实到每一个细微之处。

春除草

拔除各处的杂草

夏注水

定期向太平缸注满水

秋清叶

打扫清除地面落叶

冬凿冰

金水河冰面开取水孔

🔥 特殊扑救方式

　　室内：通过长距离铺设水带实现远距离供水、实施灭火。与此同时，抢救转移文物，对暂时无法搬运的文物用灭火毯等覆盖保护。

　　室外：多使用水幕和开花水枪，最大限度降低对木质建筑本体的冲击。尽可能减少重型消防车辆的使用，防止对地面的破坏。

灭火毯使用方法

步骤 1
握住拉带抽出灭火毯

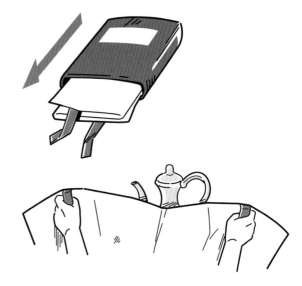

步骤 2
**盾形展开后覆盖
保护对象或火焰**

灭火救援预案

55 套

🔥 消防预案

　　为了提高反应能力与救援效率，至今，特勤救援站已为故宫量身定制了55套灭火救援预案，涵盖文物抢救、建筑保护、人员协同、装备适用等方方面面。在讲求"大应急""多灾种合成作战"的时代背景下，我们的故宫消防指战员们全力做到了理实交融、万无一失。

把壮美的紫禁城
完整交给下一个
六百年！

243

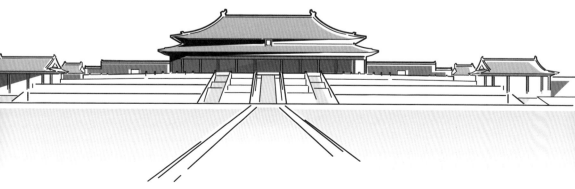

民间的消防力量
水龙局

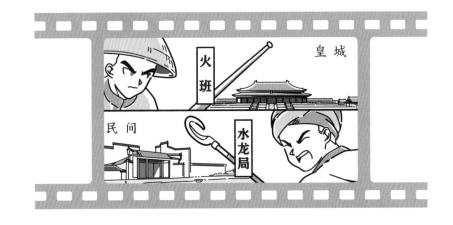

火班

皇城

民间

水龙局

244

　　《故宫篇》里我们集中介绍了"皇城根下"的消防力量，实际上在清代民间，也出现过各式各样的消防队伍，比如救火会、水会公所等。其中，广为人知的是来自南京的队伍，他们有一个响亮的名字——水龙局。

　　水龙局创立于乾隆年间，当时水龙（激桶）已经成为主力消防工具。虽然水龙局在灭火救援行动中往往会和地方驻军一起协同作战，但实质上它还是属于民间组织，"运行经费"也多是邻里摊派。

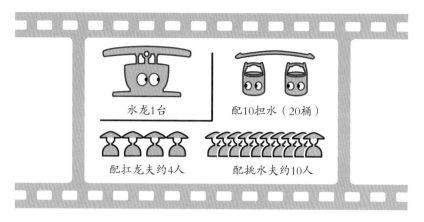

水龙1台　　　　配10担水（20桶）

配扛龙夫约4人　　　配挑水夫约10人

　　水龙局的"消防员"设置是围绕水龙本身，设扛龙夫和挑水夫。扛龙夫的任务除"扛龙"外，还有操作压梁和龙头灭火。挑水夫的工作则是保障水量供给，即在灭火作业中，保证水龙能持续喷水。

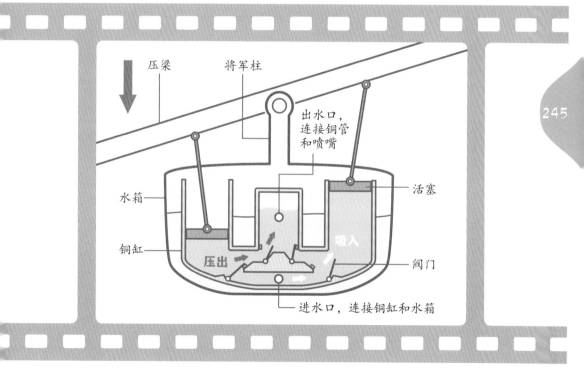

压梁　将军柱

出水口，连接铜管和喷嘴

水箱

活塞

铜缸

吸入

压出

进水口，连接铜缸和水箱

阀门

　　水龙的喷水原理和手持式唧筒在本质上是一样的，都是基于手动泵浦。只不过水龙改为利用活塞的往复运动来完成吸水与喷水，无论是便利性、出水流量还是灭火效能，水龙都要远胜一筹。

　　据记载，水龙技术是明朝时从德国传入我国的，在明代官员王征译著的《远西奇器图说》中形容它："有此器，则五六人可代数百人之用。"

　　正如水龙外壳背面刻下的四个大字"备而不用"，这表达了老百姓对消防最朴素的愿景——以防为主，以灭为辅。纵使水龙是一把利器，我们仍希望它永远别派上用场。

第十章 踏上新征程

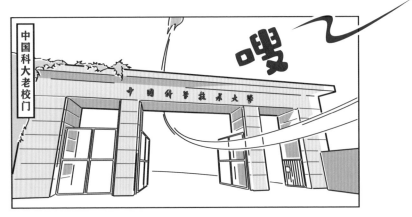

◑ 被迫飞驰的少年

　　由于"精灵混沌效应"（虚构）的作用，火团团正以半透明形态在时空中做随机无自主运动。此刻，这团"幽灵"飞向一片神秘园区，突然，它看到门牌上写着"中国科学技术大学"几个大字。

在这个校园里，火团团继续被动飞行。也许是同性相吸的原理，冥冥之中，它盘旋到一座形似"火凤凰"的大型雕塑上空。在雕塑旁，一群年轻的科研人员正准备开展大型火灾实验。话说，这又是个什么秘密基地？

科蓝教授 ➡

250

🔥 火的大本营

　　火团团在快速随机的运动中，短短几秒，就飞过了十余座与火相关的科研实验平台，它们有的像地铁站，有的像微缩大楼，有的在嚓嚓放电，还有的已是火光冲天，这里俨然就是"火的大本营"。虽然火团团自己就是一团火元素，但还是被眼前的各种场景震惊了——这种陌生又亲切的感觉，难道是找到组织的感觉？

250

250
250

🔥 完全停不下来

可惜，现在这种状态，火团团连停下来欣赏半秒钟都做不到。飞过刻有"火灾科学国家重点实验室"的落地字牌后，火团团又来到一栋木结构建筑里。还来不及仔细看个究竟，忽然，不知从哪儿冒出来的点火器"啪"地一下开启，并朝一处堆满可燃物的角落靠过去。

252

🔥 实践，检验真理的唯一标准

在大型实验平台上，一栋仿古建筑一角已被点燃，火势快速蔓延开来。四周的研究人员正在紧张有序地观察和记录，而实验区上方的高压细水雾、智能探测器等设备也处于待命状态。平台前方的电子大屏滚动着一串文字——"火灾科学国家重点实验室全尺寸皖南木结构建筑火灾实验"。

在错乱的时空中，火团团只感觉周围叽叽喳喳，
它已经转得晕乎乎的，眼前又是一黑……

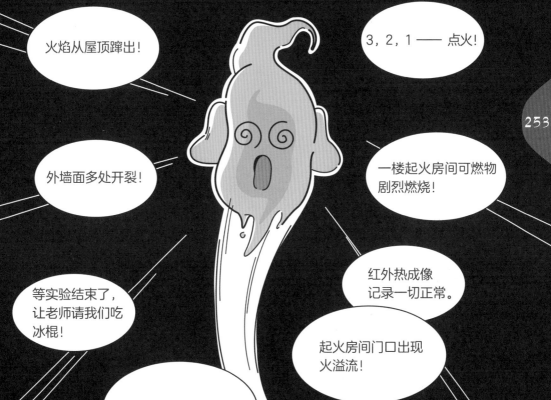

253

❶ 火灾科学国家重点实验室

地标：中国科学技术大学东区正门

火团团带领我们来到的这个神秘基地，就是中国科学技术大学的火灾科学国家重点实验室（下文简称"火灾实验室"），这也是我国火灾科学基础研究领域唯一的国家级研究机构。

实验室"火凤凰"雕塑

这个雕塑叫"火凤凰"，坐落于火灾实验室正门口，寓意用科技掌握火，也是火灾实验室的精神象征。

筹建于1987年的火灾实验室可大有来头，它主导着我国火灾科学基础研究，引领着国际火灾科学若干方向，是先进理论与技术创新的重要源头。当然，火灾实验室里少不了文物建筑火灾防控的相关研究工作。

❷ 文物建筑防火的挑战

文物建筑的火灾防控，会遇到哪些主要挑战呢？

挑战1

建筑为木质，耐火等级低，着火因素多、火灾风险高。

挑战2

古村落整体范围大、内部巷道复杂，大范围监控和救援难度大。

挑战3

文物建筑火灾监测及探测干扰源种类较多，如焚香、燃灯、沙尘、水汽等常导致火警误报。

挑战4

部分文物建筑地处偏远，存在救援困难的问题。

为应对这些问题，火灾实验室与合作伙伴一起，在文物建筑消防安全方面开展了大量研究工作。下面举几个例子：

🔥 着火、燃烧、火蔓延机理与规律

文物建筑中有哪些初起引火源（明火、高温等）？会首先引燃哪些可燃物？可燃物被引燃后沿什么路径蔓延？蔓延速率什么时候大、什么时候小？

搞清楚这些问题，就可以更好地防控火灾。

256

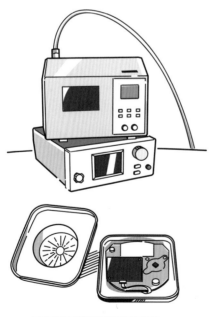

电气火灾监测预警系统

🔥 电气火灾监控预警

为活化利用，文物建筑需要加装照明、通信等系统。带来方便的同时，也带来较大的火灾隐患。近十年，电气火灾在文物建筑火灾中具有很高的占比。如何根据文物建筑用电特点，发展抗干扰电气火灾监控技术，就成为一个重要课题。

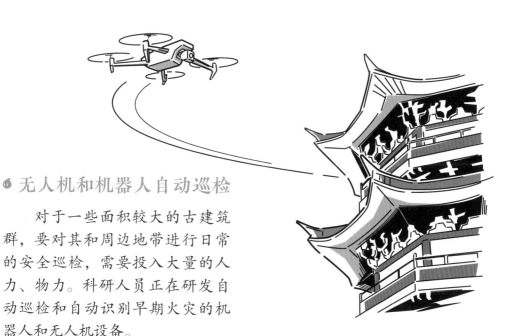

无人机和机器人自动巡检

对于一些面积较大的古建筑群，要对其和周边地带进行日常的安全巡检，需要投入大量的人力、物力。科研人员正在研发自动巡检和自动识别早期火灾的机器人和无人机设备。

火灾动态风险评估方法

每年对一个建筑进行一次火灾风险评估，就像人每年到医院进行一次体检，可以提前发现一些慢性病。但是，对于状态变化较快的火灾风险，比如旅游旺季的用电量剧增、大型庆典活动使用明火等短期行为，通过一年一次的常规"体检"，就无法有效识别和管控火灾风险。这就需要对重点的火灾风险源进行日常的监测监控，这样能够极大地降低火灾的发生概率。

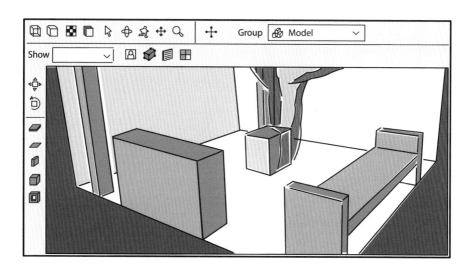

刚才反复出现的"干扰"，可是探测技术重点攻关对象。

干扰因素有哪些？

火灾探测器对火灾产生的烟气、火焰、高温等进行探测，一旦发现立即报警。文物建筑周边或内部的扬尘、油烟、香烛、水汽、酥油灯等干扰因素，容易导致探测器误报警。如果探测器反复误报会怎么样？那就容易重复"狼来了"的故事。所以，要开发一些探测技术，能在这些干扰因素出现时不报警，而火灾真正发生时尽早报警。

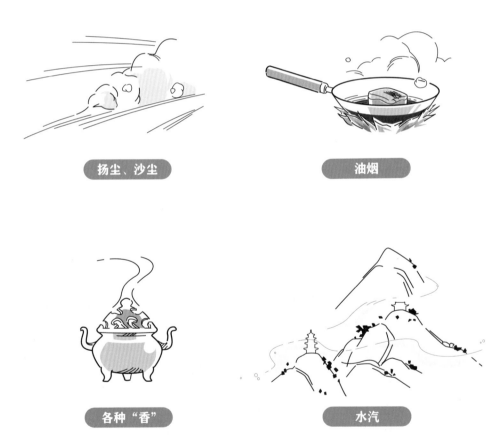

扬尘、沙尘

油烟

各种"香"

水汽

正因如此，发展具有抗干扰特性的极早期火灾探测技术和装备是大势所趋。

🌢 抗干扰图像火灾探测器

图像探测器通过摄像头来看区域内是不是出现了火焰和烟气，一旦发现，立即报警。但是，有些文物建筑内有点燃的蜡烛、仿真火焰灯（用红布和灯光做出火焰的形状）等。它们不是真实的"火灾"，但相似的颜色和形状却容易引发探测器报警。科研人员需要通过识别更多的信息，如火灾火焰的振荡特征、烟气羽流轮廓特征等，把真火灾与假火灾区分开来。

对于这种基于可见光波段的图像火灾探测器，要准确地判断"真火"与"假火"其实并不是一件容易的事哦！

你们到底谁是真的火？

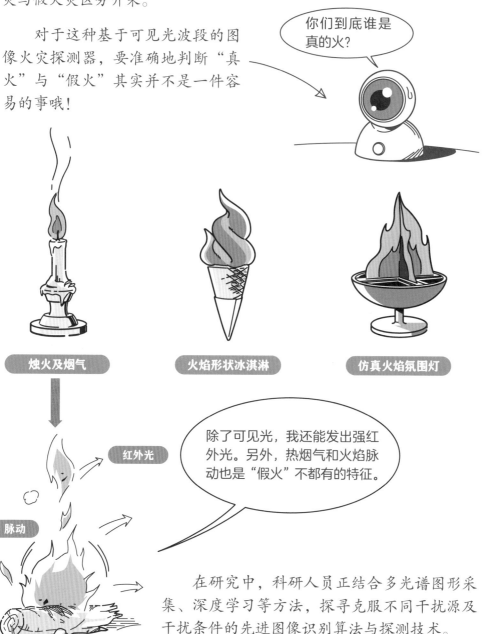

| 烛火及烟气 | 火焰形状冰淇淋 | 仿真火焰氛围灯 |

红外光

脉动

除了可见光，我还能发出强红外光。另外，热烟气和火焰脉动也是"假火"不都有的特征。

在研究中，科研人员正结合多光谱图形采集、深度学习等方法，探寻克服不同干扰源及干扰条件的先进图像识别算法与探测技术。

259

西藏拉萨布达拉宫

安徽宏村古村落

以上提到的这些技术和装备，已经陆续在西藏布达拉宫、安徽宏村等重要的文物建筑群进行了应用示范。

❹ 科普与宣教

　　除了发展相关科学技术外，关于文物建筑日常的消防演练及科普宣传教育也同样重要。每年的"科技活动周"和"消防宣传月"，火灾实验室都会举办各式各样的科普、演习等活动，同时还和国家文物局联合推出宣教手册和海报等材料。

对了，火团团又被传送到哪儿去了？

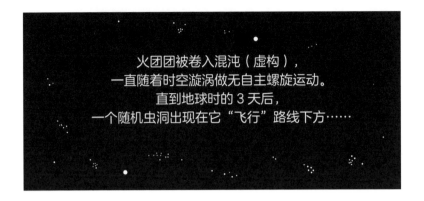

火团团被卷入混沌（虚构），
一直随着时空漩涡做无自主螺旋运动。
直到地球时的 3 天后，
一个随机虫洞出现在它"飞行"路线下方……

太好了！
看来这个虫洞是通往地球的，火团团被重新扔回来啦！

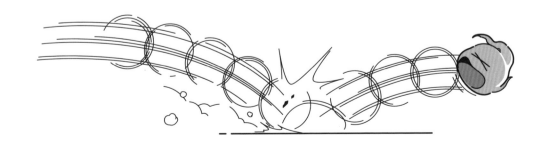

终点还是起点?

火团团咕噜几圈滚到一个大木箱子后边,脑瓜子还没来得及清醒,就一下震惊于眼前的场景——熟悉的身影和小屋,这不是唐朝长安的水娃家吗?

眼见正准备出门的水娃又折返回来——

差点忘了这一茬!

且慢,好像和我们知道的历史有那么点出入……

嘶

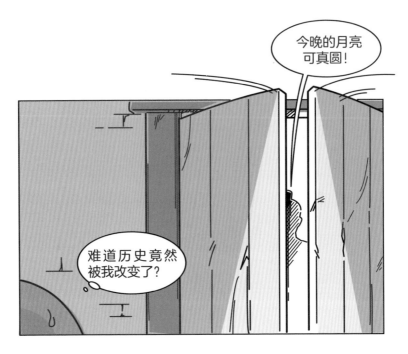

水娃潇洒地一溜烟关门离去，只剩下火团团还待在角落里自言自语："上次不是没有灭掉蜡烛？难道历史竟然被我改变了？"

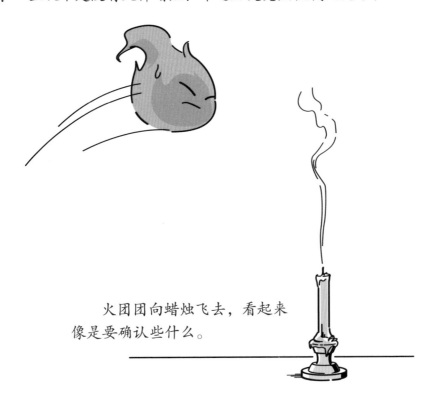

火团团向蜡烛飞去，看起来像是要确认些什么。

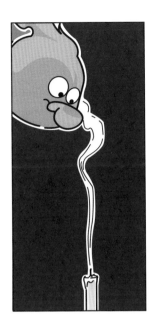
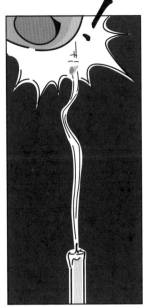
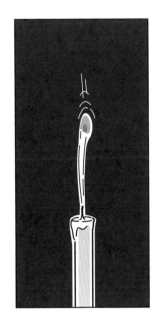

🔆 复燃的蜡烛

　　蜡蒸气穿过火团团本就稀薄的元素身体，直接触及高温内核，随即引发了这一特殊现象：一缕白色蜡蒸气局部被点燃，在上端形成一簇小火苗，随后飞速向下蔓延至下方灯芯处，重新引燃了蜡烛，这就是蜡烛复燃。这一下，惊得火团团撒腿就跑，夺窗而出。

此时，另一位老熟人也上场了……

一刻钟后……

我们的故事，
源自一支蜡烛，
那么，
就用这支蜡烛来结尾吧！
但火的故事，
还远远没有结束，
人类对火、对自然、对宇宙的探索，
将永不停息！

各位小朋友和大朋友，
虽然有点不舍，
但这次好像真到该说再见的时候了，
那么……

小词典

火隅

yú

隅：原意是角落、区域。
"火隅"则是南宋时期临安设置的一种区划式消防单位，类似现在消防站，每隅负责各自辖区的消防任务。

双缱独轮车

qiǎn

缱：有紧束、牵拉之意。
这种独轮车是古代长期流行的一种便捷运载工具，可人推驴拉、载人载货，是劳动人民的好伙伴。

戗脊

qiàng

也称岔脊，是古代歇山顶建筑自垂脊下端至屋檐的屋脊，和垂脊大体成45度，对垂脊起支撑作用。

狎鱼

xiá

中国神话中的一种大海异兽，传说它也是兴云作雨、灭火防灾的神兽。

狻猊

suān ní

同为古代神兽，"龙生九子"中的第五子，形似狮子、喜烟吞火、喜静好坐、可布云雨，也是寓意防火的瑞兽。

榫卯

sǔn mǎo

中国传统建筑、家具等最主要的结构连接方式，凸出为榫，凹进为卯。

魇火

yǎn

魇在此处有镇压的意味，指用某种特殊手段以达到趋吉避凶的目的。

鱼虬

qiú

古代传说海中有鱼虬，尾似鸱、激浪即降雨，它是螭吻的前身。

鸱吻

chī

鸱：中国古书记载的一种怪鸟。
鸱吻又称鸱尾，后改称为螭吻。传说鸱吻是一种兽头鱼身的神兽，尾似鸟。好望喜吞，象征辟除火灾。

272

chī

螭 吻

由鸱尾、鸱吻演变而来，一般被认为是龙的第九子。

xiè　zhì

獬 豸

依然是神兽，形似麒麟，双目明亮，额上长角，拥有极高智慧，能辨是非，能识善恶，象征公平正义。

第八章

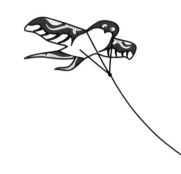

273

suí　yóu

建 极 绥 猷

建：建立。　极：中正、正梁。
绥：顺应。　猷：法则。
意为以儒家"中正"思想治天下。天子上对皇天、下对庶民皆有神圣之使命，应顺应大道、遵循法则。